GEÇMİŞTEN GÜNÜMÜZE

KAUÇUK

Barbara A. Somervill

Çeviri: **Barış Cezar**

TÜBİTAK
POPÜLER BİLİM KİTAPLARI

TÜBİTAK Popüler Bilim Kitapları 883

Geçmişten Günümüze - Kauçuk
True Stories - The Story Behind Rubber
Barbara A. Somervill
Tasarım: Philippa Jenkins
Resimleyenler: Oxford Tasarımcıları ve İllüstratörleri
Görsel Araştırma: Hannah Taylor ve Mica Brancic

Çeviri: Barış Cezar
Redaksiyon: Evra Günhan Şenol
Türkçe Metnin Bilimsel Danışmanı: Prof. Dr. Aytekin Çökelez
Tashih: Simge Konu Ünsal

Text © Capstone Global Library Limited, 2012
Original Illustrations © Capstone Global Library Ltd., 2011
Türkçe Yayın Hakkı © Türkiye Bilimsel ve Teknolojik Araştırma Kurumu, 2015

Bu yapıtın bütün hakları saklıdır. Yazılar ve görsel malzemeler,
izin alınmadan tümüyle veya kısmen yayımlanamaz.

TÜBİTAK Popüler Bilim Kitapları'nın seçimi ve değerlendirilmesi
TÜBİTAK Kitaplar Yayın Danışma Kurulu tarafından yapılmaktadır.

ISBN 978 - 605 - 312 - 121 - 3

Yayıncı Sertifika No: 15368

1. Basım Aralık 2017 (5000 adet)

Genel Yayın Yönetmeni: Mehmet Batar
Mali Koordinatör: Kemal Tan
Telif İşleri Sorumlusu: Zeynep Çanakcı

Yayıma Hazırlayan: Elnârâ Ahmetzâde
Grafik Tasarım Sorumlusu: Elnârâ Ahmetzâde
Sayfa Düzeni: Ekin Dirik
Basım İzleme: Özbey Ayrım - Adem Yalçın

TÜBİTAK
Kitaplar Müdürlüğü
Akay Caddesi No: 6 Bakanlıklar Ankara
Tel: (312) 298 96 51 Faks: (312) 428 32 40
e-posta: kitap@tubitak.gov.tr
esatis.tubitak.gov.tr

Başak Matbaacılık ve Tanıtım Hizmetleri Ltd. Şti.
Macun Mahallesi Anadolu Bulvarı No: 5/15 Gimat Yenimahalle Ankara
Tel: (312) 397 16 17 Faks: (312) 397 03 07   Sertifika No: 12689

İçindekiler

- Kauçuğun Hayatımızdaki Yeri.......... 4
- Kauçuğun Tarihi 6
- Kauçuğun Yetiştirilmesi ve Yapımı 14
- Kauçuğun Kullanım Alanları 18
- Kauçuk ve Çevre 22
- Günümüzde Kauçuk 26
- Zaman Tüneli....................... 28
- Sözlük.............................. 30
- Dizin............................... 31

Kalın yazılan sözcüklerin anlamını
30. sayfadaki sözlükte bulabilirsiniz.

Kauçuğun Hayatımızdaki Yeri

▲ Bu bez ayakkabıların tabanları kauçuktan yapılmıştır.

Kauçuk günlük yaşamın bir parçasıdır. Kurşun kalemle yazdıklarınızı silmekte kullandığınız silgidedir. Giydiğiniz spor ayakkabılarındadır. Şişirdiğiniz balonda veya raketle vurduğunuz tenis topunda da kauçuk vardır. İster doğal ister **sentetik** olsun, kauçuk her biçimiyle inanılmaz derecede kullanışlıdır.

Kauçuğun yararlı özellikleri

Kauçuğun yararlı özelliklerinden biri esnemesidir. Kâğıtları veya paketleri bir arada tutmak için lastik bantları kullandığımızda bu özellikten yararlanırız. Yine kauçuktan yapılan **lateks** eldivenler doktor ve hemşirelerin ellerine sıkıca oturur. Kauçuk bandajlar esneyerek dizimizin veya ayak bileğimizin biçimini alır ve incinmiş eklemlerimize destek sağlar.

Kauçuk su geçirmez. Kauçuk çizmeler bahçe işlerinin vazgeçilmezidir; kauçuk eldivenler ise bulaşık yıkarken ellerimizi kuru tutar. Tüplü dalış yapanlar ve sörfçüler, soğuk suyu dışarıda ve vücut sıcaklığını içeride tutmak için dalış elbisesi adı verilen kauçuk kıyafet giyer. Dalgıçlar suyu yüzlerinden uzak tutmak için kauçuk kenarlı maskeler takar ve hava tüplerine bağlı kauçuk hortumla nefes alırlar.

Kauçuk seker ve zıplar. Kauçuk toplar olmasaydı pek çok spor dalı var olmazdı. Basketbol ve futbol toplarının içinde, havayı içeride tutan kauçuk astar vardır. Golf topları içlerinin kauçuktan yapılması sayesinde daha uzağa gider. Bovling topları da kauçuk sayesinde daha iyi yuvarlanır ancak pek sekmezler.

> **Kauçuk içeren ürünler**
>
> Aşağıdaki ürünler (ve çok daha fazlası) kauçuktan yapılmıştır:
> - balonlar
> - toplar
> - bandajlar
> - bovling topları
> - dalış malzemeleri
> - zemin döşemeleri ve paspaslar
> - bahçe hortumları
> - lateks eldivenler

▼ Çoğu kauçuk top zıplar.
Bu bovling topu ise lobutları devirir.

Kauçuğun Tarihi

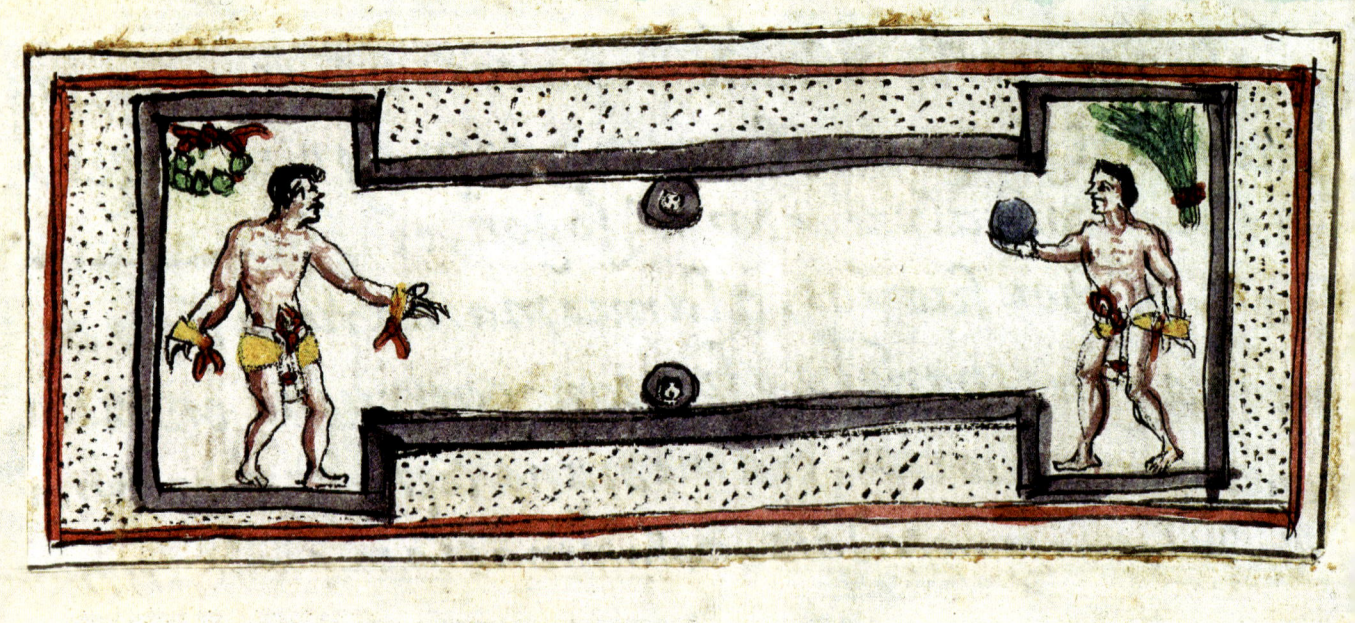

▲ Kauçuk bir topla, *ulama* oynayan Aztek erkekleri

Yüzyıllar boyunca, Güney ve Orta Amerika'nın yerli halkları topraklarının altın, gümüş ve kauçuk gibi zenginliklerinden yararlandı. İnkalar sandaletlerinin tabanını kauçukla kaplayarak ilk su geçirmez ayakkabıları yapmıştı. Maya rahipleri tanrılarını memnun etmek için onlara yiyecek, altın ve kauçuk toplar sunardı. Aztekler ise içi boş kauçuk heykeller yapardı.

Tlachtli ve *ulama* adıyla bilinen oyunlar basketbol ile futbolun bir karışımı gibiydi. Oyunun amacı kauçuk bir topu taş bir halkadan geçirmekti. Kullanılan toplar bovling toplarıyla yaklaşık aynı boydaydı. Çoğu köyde *tlachtli* oynanan bir saha vardı. Bazı kabileler bir savaşı kazanınca tutsaklarını *tlachtli* oynamaya zorlardı. Maya, Aztek ve Olmek savaşçıları, savaş becerilerini geliştirmek için *tlachtli* veya *ulama* oynardı.

Haiti ve kauçuk

İtalyan kâşif Kristof Kolomb 1493'te Haiti'yi ziyaret ettiğinde, yerlilerin top oyunları oynadığını gördü. Avrupa'da daha önce ahşaptan oyulmuş toplar görmüştü ama Haiti'deki kauçuk toplar yerden sekiyordu! Yerliler, çok zıplayan bu topları "cau-uchu" ağacından elde ettikleri yoğun, süte benzer bir sıvıdan yapıyordu. Kauçuk, yanan palmiye cevizlerinin dumanında **tütsüleniyor,** tütsüleme kauçuğu sertleştiriyordu.

Kolomb İspanya'ya dönerken beraberinde kauçuk toplar da getirdi ama Avrupalılar altın ve gümüşle daha çok ilgilendi. Avrupalılar kauçuğun kendilerini zengin edebileceğini anlamamıştı. Gördükleri tek şey bir çocuk oyuncağıydı. Kauçuk için yeni kullanım alanları uzun bir süre daha açılmayacaktı.

◀ Kristof Kolomb Yeni Dünya'dan dönerken beraberinde kauçuk toplar da getirmişti.

▲ Priestley'in keşfi insanların milyonlarca yazım hatasını silmesini sağladı.

Avrupalılar ve kauçuk

1492'den 1735'e kadar geçen sürede, Avrupalılar kauçuğu biliyordu ama pek ilgilerini çekmemişti. 1735'te Fransız kimyager Charles de la Condamine'in Peru'ya yaptığı bir yolculukta kauçuğu incelemesiyle bu durum değişmeye başladı.

Kauçuğa Avrupalılarca verilen *caoutchouc* ismi Haiti yerlilerinin dilinde "ağlayan ağaç" demek olan "cau-uchu" sözcüğünden gelir. Bu kelime lateks maddesinin ağaçların kabuklarından akışını simgeliyordu.

1770'te İngiliz bilim insanı Joseph Priestley bir parça kauçuğun kurşun kalem ile yazılan yazıları kâğıttan silme konusunda işe yaradığını görünce, ona İngilizce "silgi" anlamına gelen "rubber" adını verdi. Bu, Avrupalıların kauçuğu kullandığı ilk alanlardan biri oldu.

Kauçuğun kullanım alanı genişliyor

1820'de, Brezilya'ya giden denizciler, oradaki insanların tabanları kauçukla kaplı ayakkabılar giydiğini gördü. İçlerinden biri Boston'a dönerken bu ayakkabılardan 500 çifti de beraberinde götürdü. Boston'un yağmurlu iklimi su geçirmez ayakkabıların değer kazanmasını sağladı ve bu akıllı taciri zengin etti.

Kısa bir süre sonra, 1823'te İskoç kimyager Charles Macintosh kumaşı kauçukla kaplamanın yolunu buldu. Macintosh iki kat yünün arasına ince bir kat kauçuk koyarak su geçirmez kumaşlar üretti. Günümüzde Britanya'da insanlar bazen yağmurluklara Charles Macintosh'tan esinlenerek "Macintosh'lar" veya "Mac'ler" der.

Fakat kauçuğun da sınırları vardı; çok sıcakta eriyor, çok soğukta parçalanıyordu. 1839'da ABD'li mucit Charles Goodyear bu sorunu çözdü. Kauçuğa **kükürt** katıp onu ısıtarak **vulkanizasyon** sürecini geliştirdi. Vulkanize kauçuk daha dayanıklı, daha kullanışlı ve bir başka icadın ortaya çıkması için biçilmiş kaftandı: kauçuk teker lastiği! Bunu izleyen 50 yıl boyunca bilim insanları kauçuktan düzinelerce yeni ürün üretti.

▼ 1800'lerin sonlarında, bisikletlerde artık ince kauçuk lastikler vardı.

▲ Günümüzde farklı renk ve ölçülerde paket lastikleri üretiliyor.

Kauçuğun yeni kullanım alanları

İngiliz Stephen Perry 1845'te ilk paket lastiğini icat etti. Perry paket lastiğini, kâğıtları ve zarfları bir arada tutmak için kullandı. Bu kauçuk Goodyear'ın vulkanizasyon süreciyle üretiliyordu.

Mucitler kauçukla deneyler yapmaya devam etti. 1852'de Amerikalı Hiram Hutchinson, Goodyear'ın kauçuğunun kullanma haklarını alarak Wellington adı verilen yağmur geçirmez çizmeleri üretti. Çizmeler adını önemli İngiliz komutanlardan biri olan Wellington Dükü'nden almıştı.

1869'da, Amerikalı William Finley Semple sakız yapmak için ilk **patenti** aldı. 1871'de ABD'li mucit Thomas Adams sakızın bugünkü biçiminin patentini alan kişi oldu. Bundan yaklaşık 25 yıl sonra Baltimore'daki (Maryland, ABD) Johns Hopkins hastanesindeki doktorlar ameliyat sırasında kauçuk eldivenler takmaya başladı.

Tek parça, tamamı kauçuktan golf topları 1898'de Ohio'lu golfçü Coburn Haskell tarafından popüler hâle getirildi.

Çikl
Eski Mayalar ve Aztekler, sapodilla ağacından kauçuğa benzer bir öz su olan çikl maddesini toplar ve onu sakız gibi çiğnerdi.

1900'lerin başında kauçuk

1900'lerin başında elektrik, enerji kaynağı olarak petrol ve kömürün yerini aldı. Elektrik santrallerinden çıkan kablolar elektriği ampullere, elektrikli ısıtıcılara ve ocaklara kadar taşıyordu. Ancak elektrik pek çok faydasının yanı sıra elektrik çarpması ve yangın gibi tehlikeleri de beraberinde getiriyordu. Kauçuk **yalıtım** sayesinde insanlar bu tehlikelerden korunmaya başladı.

1900'lerin başında araba kullanımı hızla arttı. Araba lastikleri ve kornalar kauçuktan yapıldığı için kauçuk araba üretiminde önemli bir rol oynadı.

1928'de Fleer ilk balonlu sakızı üretti. İlk ciklet, teker lastiklerinde veya yalıtımda kullanılandan farklı türde bir kauçuk olan çikl içeriyordu. Fleer daha ilk yıl içinde ciklet satışından 1,5 milyon dolardan fazla gelir elde etti.

◀ En heyecan verici kauçuk icatlarından biri şişirince esneyen, pembe, balonlu sakızdı.

▲ Tank üretmek için çok miktarda kauçuğa ihtiyaç vardı.

Sentetik kauçuk ve savaş

Birinci Dünya Savaşı (1914-1918) sırasında, insanlar sentetik kauçuk üretimiyle ilgilenmeye başladı. Kauçuk Güney Amerika ve Güneydoğu Asya'dan gemilerle geliyordu ama savaş sırasında gemilerin çoğu denizde batmıştı. Bu yüzden insanlar kendi kauçuğunu üretmek istedi. 1930 yılında, DuPont şirketi **neopren** adı verilen ilk kullanışlı sentetik kauçuğu üretti.

İkinci Dünya Savaşı (1939-1945) sırasında Müttefikler (ABD, Birleşik Krallık, Fransa, Kanada, Rusya gibi ülkelerin bulunduğu grup), Mihver devletlerine (Almanya, İtalya ve Japonya gibi ülkelerin bulunduğu grup) karşı savaştı. 1941'e gelindiğinde Almanya ve Japonya dünyanın doğal kauçuk kaynaklarının yüzde 95'ini ele geçirmişti.

Müttefikler araç gereçler için kauçuk bulmakta zorlanıyordu. Sherman modeli büyük tankların her biri 450 kilogram kauçuk kullanıyordu. Savaş gemilerinin 20.000'den fazla kauçuk parçası vardı. 1941'de Amerika Birleşik Devletleri'ndeki kimya şirketleri yaklaşık 8000 ton sentetik kauçuk üretti.

Sağlık alanındaki kullanım

Virüsler ve bakteriler kauçuktan geçemediği için kauçuk hastalıkların yayılmasını önler. 1900'lerin sonlarında, sağlıkla ilgili kaygılar nedeniyle, insanlar veya gıdalarla teması olan çalışanların lateks eldiven takması zorunlu hâle geldi. Lateks eldivenler hem çalışanları hem de hizmet ettikleri insanları korur.

Günümüzde kauçuk

Bilim insanları kauçuğa yeni kullanım alanları bulmaya devam ediyor. 2010 yılında, ABD'nin New Jersey eyaletindeki Princeton Üniversitesi mühendisleri elektrik üreten kauçuk tabakalar geliştirdi. Bu kauçuk tabakalar koşu ayakkabılarının tabanlarına yerleştirildiğinde, jogging yapan bir koşucu, bir cep telefonunu şarj edecek kadar elektrik üretebiliyor.

> **Sentetik kauçuk kullanımı standart hâle geliyor.**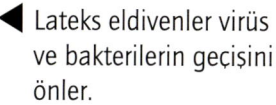
>
> Sentetik kauçuk kullanımı, doğal kauçuk kullanımına kıyasla her geçen yıl giderek artıyor.

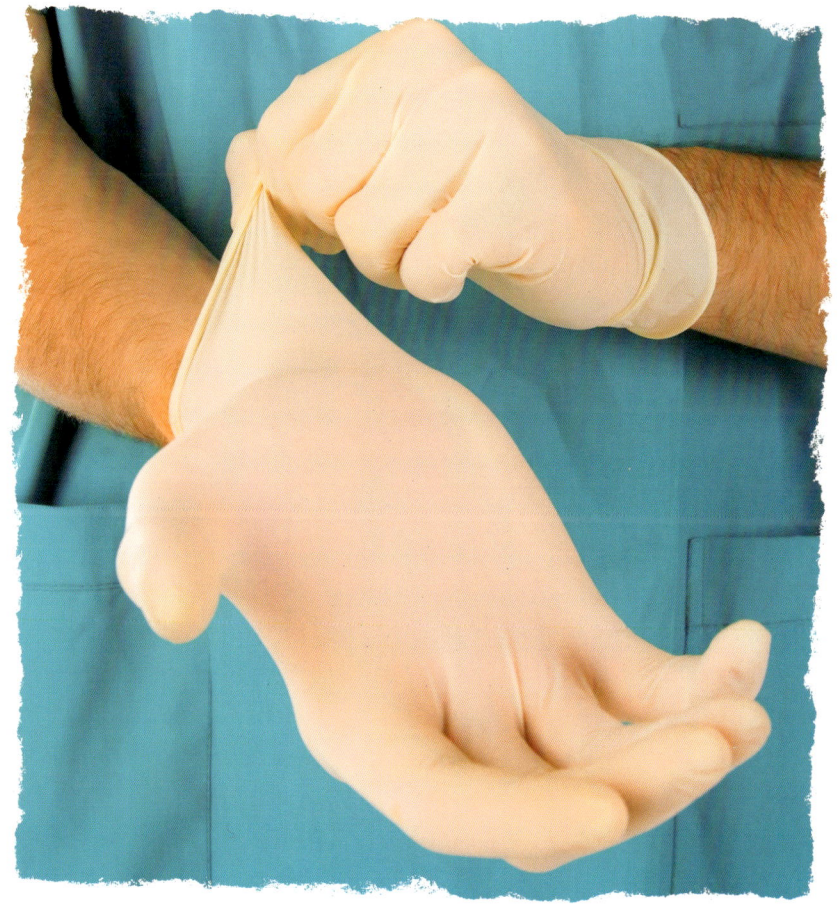

◀ Lateks eldivenler virüs ve bakterilerin geçişini önler.

Kauçuğun Yetiştirilmesi ve Yapımı

▲ Plantasyonlar lateks toplamak için ufak kovalar kullanır.

Kauçuk ağaçlarının sıcak ve nemli bir iklime ihtiyacı vardır. Orta ve Güney Amerika'da birkaç çeşit yabanî kauçuk ağacı yetişir. Doğal lateks kauçuğunun yüzde doksanı *Hevea* kauçuk ağacından elde edilir. Brezilya'da, Amazon Irmağı Havzası boyunca yabanî *Hevea* ağaçları bulunur. Ayçiçeği familyasından bir bitki olan guayule Meksika'nın ve Güney Batı ABD'nin kurak ve çorak bölgelerinde yetişir. Guayule ağacından elde edilen lateks, *Hevea*'dan alınana çok benzer. Bir diğer doğal kauçuk olan çikl ise sapodilla ağacından elde edilir. Ancak çikldan vulkanizasyonla sert kauçuk üretilemez.

Brezilya'dan Güneydoğu Asya'ya

1800'lerde kauçuk endüstrisinin kontrolü Brezilya'nın elindeydi. **Plantasyon** adı verilen büyük çiftliklerin sahipleri milyonlarca dolar kazandı ve Brezilya'nın Manaus kenti bu işin merkezi hâline geldi. Plantasyon sahipleri krallar gibi yaşıyordu. Eşleri elmas mücevherler takıyor, pahalı ipekler giyiyordu. Öte yandan işçilere çok az para ödeniyordu ve işçiler ufak kulübelerde yaşıyordu. İşçilerin sadece hayatta kalmalarına yetecek kadar yiyecekleri vardı, okulları veya doktorları yoktu. O yıllarda başka hiçbir ülke kauçuk üretmiyordu.

1876'da, Britanyalı kâşif Henry Wickham, Brezilya'dan yaklaşık 70.000 kauçuk ağacı tohumunu gizlice topladı ve Londra'ya getirdi. Bu tohumları kullanarak Afrika, Sri Lanka ve Singapur'da kauçuk plantasyonları kurdu. 1920'lere gelindiğinde, kauçuk üretiminin büyük kısmı Brezilya'dan Asya'ya kaymıştı.

▼ Asya'daki plantasyonlarda kauçuk ağaçları, lateks toplamayı kolaylaştırmak için sabit aralıklı sıralar hâlinde dikilir.

▲ Kauçuk ağaçlarına çaprazlamasına kesikler açılır ve böylece lateks kesikten sızarak kovalara dolar.

Kauçuk nasıl yapılır?

Kauçuk ağaçlarından lateks toplamak zor bir iştir. Bu işleme **akıtma**, bu işi yapanlara da akıtıcı denir. Akıtıcı, kauçuk ağacının kabuğuna çapraz bir kesik atar. Lateks adı verilen reçine o kesiğin altına asılan bir kovaya akar. İşçiler kovaları toplayarak onları işleme tesisine götürür.

Tek bir kauçuk ağacı, üç saatte yaklaşık 240 mililitre lateks verir. Üç saat sonra kesik yavaşça kapanır ve yeni akıtma işlemi için tekrar kesik atılması gerekir. Eğer kesik çok derin olursa ağacı öldürebilir, çok sığ olursa lateks çıkmaz. Yalnızca usta akıtıcıların kauçuk ağaçlarını kesmesine izin verilir.

Lateksin işlenmesi

Birkaç saatte bir, işçiler lateks dolu kovaları merkezî toplama alanına taşır. Lateks beyaz renkte, koyu kıvamda ve bal gibi yapış yapıştır; havayla temas edince katılaşır. İşçiler sıvı kauçuğu **amonyak** gibi kimyasal bir maddeyle karıştırır. Bu kimyasallar lateksin sıvı kalmasını sağlar. Lateks daha sonra bir işleme tesisine gönderilmek üzere büyük kaplara konur ve havayla teması kesilir. Lateks katılaşsa da o katı bloklar sonradan çözülebilir.

Bir kauçuk işleme tesisinde, kauçuğun çoğu vulkanize edilir. Lateks, sülfür ve diğer kimyasallar karıştırılır ve ısıtılır. Kauçuğun siyah olması isteniyorsa karışıma **karbon** eklenebilir. Vulkanize kauçuk; araba lastikleri, makine kapakları, tıbbi araç gereçler, hortumlar ve daha birçok başka ürün için kullanılır. Bu tür kauçuk uzun ömürlüdür, dayanıklıdır ve işlenmesi kolaydır.

◀ Sıvı lateks, katılaşmaması için kimyasal maddelerle karıştırılır.

Kauçuğun Kullanım Alanları

▶ Bu dairesel grafik, bir araba lastiğinin yapımında kullanılan malzemelerin oranını gösteriyor. Lastik yapımında hem doğal hem de sentetik kauçuk kullanılır.

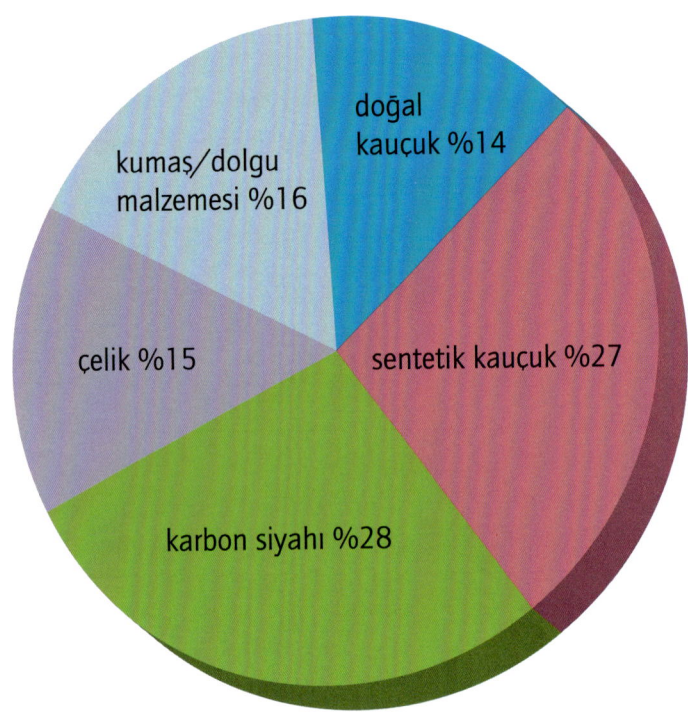

doğal kauçuk %14
kumaş/dolgu malzemesi %16
çelik %15
sentetik kauçuk %27
karbon siyahı %28

İster doğal ister sentetik olsun kauçuğu kullanışlı kılan birçok özelliği vardır. Kauçuk ısıya ve elektrik akımına karşı yalıtım sağlar, dayanıklıdır, esnektir ve uzun ömürlüdür. Su geçirmez, yani eşyaları ve insanları kuru tutar.

Kauçuk farklı **kalıplara** dökülerek araba lastiği, olta ucu veya oyuncak gibi ürünlere dönüştürülür. Lateks eldiven gibi ürünler için kauçuğun ince olması gerekir. Kalıplar latekse daldırılır, soğumaya bırakılır ve biçimlenmiş ürün kalıptan sıyrılır. Kauçuk istenirse iplik hâline getirilip kumaş oluşturacak biçimde dokunabilir; böylece iç çamaşırı lastiği gibi **elastik** bantlar üretilebilir.

Dayanıklı

Bir yılda üretilen kauçuğun yarısından fazlası araba lastiği yapımında kullanılır. Araba lastiklerinde, sentetik kauçuğun yarısı kadar doğal kauçuk kullanılır. Büyük lastiklerin, örneğin iş makinelerine ait tekerlerin bazıları 2900 kilogram kauçuk içerebilir.

Doğal ve sentetik kauçuğun karıştırılmasıyla daha dayanıklı lastikler elde edilir. Bu dayanıklılık sayesinde kauçuk farklı üretim **süreçlerinde** kullanılabilir. Çünkü kauçuktan yapılan makine parçaları aşınma ve zorlanmaya karşı dayanıklıdır. Fabrikalardaki **taşıma bantları** düzgün hareket etmeleri için kauçuktan yapılır; depolama tanklarının içleri ve demir yolu araçlarının tekerleri de kauçukla kaplanır.

Paket lastiği modası
Elastik paket lastikleri yeni bir takı modası oluşturdu. Hayvan, meyve, yıldız ve daha pek çok farklı biçimdeki renkli lastik bantlardan şık bilezikler yapılıyor.

Esnek

Paket lastiklerinde ve balonlarda da görüldüğü gibi kauçuk esner ve sonra tekrar eski hâline döner. Bu esneme özelliği, lateks boyanın daha düzgün sürülmesine veya köpük şiltelerin vücudumuzun biçimine uyum sağlamasına olanak tanır.

▼ Lateks balonlar şişirildikçe esneyip büyür.

▲ Kauçuk sayesinde bu tenis kortunda kaymadan oynanabilir.

Spor

Kauçuk uzun ömürlü ve birçok yönden yalıtkandır. İstenirse yumuşak ve esnek istenirse çok sert olabilir. Bu özellikleri sayesinde kauçuk, spor aletleri üretimine çok uygundur. Kauçuk sıçrayabildiği için oynadığımız topların içinde mutlaka bir miktar kauçuk vardır. Spor ayakkabılarındaki kauçuk, çimen gibi zeminlerde kaymayı engeller. Kaleye şutladığımız siyah buz hokeyi pukları veya parkede yuvarlanan bovling topları kauçuktan yapılmıştır.

Basketbol, tenis veya voleybol oynayan sporcuların güvenliği için zemin, kauçukla kaplanır. Bu tür zeminlerde vulkanize kauçuk kullanılır.

Korunma ve yalıtım

Sıvı ve gazların çoğu kauçuktan geçemez. Bu nedenle araba, hastane, bahçe ve benzin istasyonlarındaki hortum ve borularda kauçuk kullanılır.

Kauçuk kaplı paltolar ve şapkalar bizi soğuk havadan korur. Bahçıvanlar, balıkçılar ve itfaiyeciler ayaklarının kuru kalması için kauçuk çizme giyer.

Depremden korunma

Japonya'da, 2500'den fazla binada deprem hasarına karşı önlem olarak kauçuk **rulmanlar** vardır. Rulmanlar makinelerin ağırlığını taşıyan yuvarlak toplardır. Rulmanlar sayesinde binalar "esnek" bir yapıya bürünerek depreme karşı dayanıklı hâle gelir ve yıkılmazlar.

Kauçuk ısı geçişini önleyerek iyi bir yalıtım sağlar. Sentetik kauçuktan yapılmış dalış kıyafetleri dalgıçların soğuk suya daldıklarında bile sıcak kalmalarına olanak tanır. Kauçuktan yapılan kapı ve pencere bantları binaların ısı kaybetmesini engeller.

Kauçuk aynı zamanda elektrik bakımından da yalıtkandır. Kauçuk yalıtım, elektrik çarpmasına karşı bizi korur. Elektrik telleri veya kablolarının çevresi kauçuk kaplıdır. Kauçuk ayrıca elektrik prizleri ve düğmelerinin yapımında da kullanılır.

▼ Kauçuk çizmeler yağmurda ayağımızı kuru tutar.

Kauçuk ve Çevre

▲ İnsanlar kauçuk plantasyonu kurmak için belli bölgelerdeki ormanları kestiğinde dev pandaların yaşam alanları da yok olabiliyor.

Kauçuk plantasyonları **çevre** açısından ciddi sorunlar oluşturuyor. Kauçuk yetiştiren ülkeler daha büyük kauçuk plantasyonlarına yer açmak için doğal ormanları kesiyor, bitki ve hayvanların doğal **yaşam alanlarını** yok ediyorlar. Endonezya, Hindistan ve Çin gibi ülkelerde bu tahribat Sumatra kaplanları, Sumatra gergedanları, orangutanlar ve dev pandalar gibi **tehlike altındaki türler** için büyük bir tehdit oluşturuyor. Ne yazık ki bu türlerin **soyları tükenmek** üzere.

Yerel bitkilerin kaybı toprak **erozyonu** adı verilen toprağın zamanla aşınıp gitmesi sürecini de hızlandırır. Kauçuk ağaçları rüzgâr veya suyun toprağı alıp götürmesine engel olamaz. Ayrıca ağaçlardan sıvı toplama işlemi sırasında lateksin bir kısmı toprağa aktığı için bu durum toprak ve su kirliliğine neden olur.

Kirlilik

Kauçuk işleme fabrikaları **çevre kirliliği** başta olmak üzere birçok çevre sorununa yol açar. Kauçuğa uygulanan vulkanizasyonda kurşun oksit ve çinko oksit gibi kimyasal **bileşikler** kullanılır. Bu kimyasallar zehirlidir ve sıvı atık hâlinde toprağa sızar; ırmaklara, derelere ya da göllere karışırlar. Sudaki zehir, balıkları ve suyu içen hayvanları öldürür. Aynı zamanda yerel su kaynaklarından içme, yemek pişirme ve yıkanma amacıyla yararlanan insanları da zehirler. Kauçuğun işlenme **sürecinde** ortaya çıkan kimyasal atık miktarı üretilen kauçuk miktarının 25 katından fazladır.

Ağaçların kesilmesi sonucu ormanların yok olmasına **ormansızlaşma** denir. Ormansızlaşmanın çoğu daha fazla kauçuk ağacı dikmek için arazideki ağaçların kesilmesinden kaynaklanır. Bu durum, ormanlarda yaşayan hayvanların yaşam alanlarını yok eder ve besin bulmalarını zorlaştırır. Panda ve gergedan gibi yerli otoburlar kauçuk ağaçlarını yemez. Güneydoğu Asya'da ormansızlaşma sonucunda ağaç kökleri toprağı tutamadığı için toprak her yıl yağan yoğun yağmurlarla sürüklenip gider.

▼ Ormansızlaşma çevreye zarar verir.

▲ Öğütülmüş lastiklerden çeşitli zemin kaplama ürünleri üretilebiliyor.

Neden geri dönüştürmeli?

Kauçuk çok fazla atığın ortaya çıkmasına neden olur. Ancak bu atıklar yere düşmüş bir elma gibi çürüyüp gitmez. İşlenmiş kauçukla beslenen canlılar yoktur. Bir **atık gömme alanında** duran araba lastiğinin çürüyüp dağılması binlerce yıl sürer. Ayrıca lastiklerin içi gazla şişer ve atık gömme alanının yüzeyine çıkarlar.

Neyse ki kauçuk **geri dönüştürülebilir**. Kauçuğu geri dönüştürmek; kaynak, enerji ve para tasarrufu sağlar. Geri dönüşümden elde edilen kauçuğun maliyeti hiç kullanılmamış doğal veya sentetik kauçuğun yarısı kadardır. 450 gram geri dönüştürülmüş kauçuk üretimi için aynı miktarda yeni kauçuk için gerekenin yalnızca yüzde 29'u kadar enerjiye ihtiyaç duyulur.

Kauçukta ana geri dönüşüm kaynağı araba lastikleridir. Bir lastiği geri dönüştürmenin en hızlı yolu üzerine yeni **tırtıllar** (yivler) basmaktır. Büyük araçların, örneğin kamyonların lastiklerinin çoğuna yeniden tırtıl basılırken çoğu araba lastiğine bu işlem yapılmaz. Avrupa Birliği (AB) tüm araba lastiklerinin dörtte birine tekrar tırtıl açmayı hedef olarak belirlemiştir.

Kauçuk geri dönüşümünden elde edilen ürünler

Kauçuk lastiklerin öğütülerek kırıntılara dönüştürülmesiyle pek çok şekilde kullanılabilen bir malzeme ortaya çıkar. Yolları kaplamak için kullanılan asfalt maddesine kauçuk kırıntıları katılır. Bu kırıntılardan iyi bir malç, yani bitkilerin çevresine yerleştirilen toprak koruyucu tabaka olur. Kauçuk kırıntıları işlenerek yeni lastiklere, yer karolarına, çatı veya zemin kaplamalarına dönüştürülebilir.

Tenis oynamak isteyen var mı?

2001 yılında bir doğa **koruma** grubu Wimbledon tenis turnuvasında kullanılan tenis toplarını geri dönüştürmenin bir yolunu buldu. Toplar, soyları tehlike altında olan tarla fareleri için mükemmel bir ev işlevi görebiliyor!

▼ Bu tenis topunun içindeki kauçuk tabaka sayesinde tarla faresinin evi su geçirmez.

Günümüzde Kauçuk

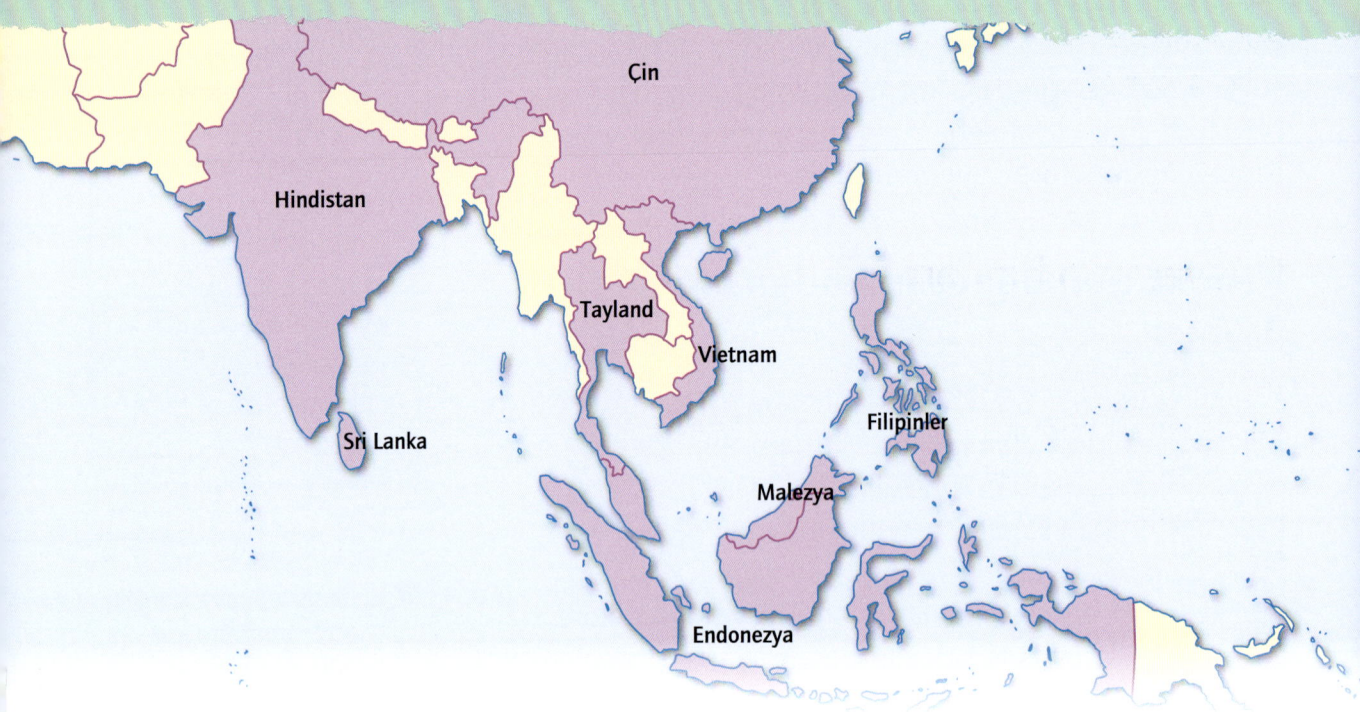

▲ Asya kıtasında mor renkle gösterilen bu ülkeler başlıca kauçuk üreticileridir.

Kauçuk da diğer tarım ürünlerine benzer. Çok fazla veya çok az yağmur, aşırı sıcaklık değişimi ve güçlü fırtınalar kauçuk ağaçlarını etkiler. 7 yaşından genç ağaçlar akıtma için kesilemez, 32 yaşından eski ağaçlar ise çok az lateks üretir.

En çok doğal kauçuk üreten ülkeler Tayland, Endonezya, Malezya, Hindistan ve Vietnam'dır. Hindistan ve Malezya'da kauçuk işlenir. Ancak diğer büyük üreticiler ürünlerinin çoğunu başka yerlere gönderir.

2003 itibariyle, en büyük doğal kauçuk kullanıcısı Çin olmuştur. Çin'in elindeki doğal kauçuğun çoğu, araba lastiği yapımında kullanılır. Hindistan ve ABD ise diğer tüm ülkelerden daha fazla kauçuk ürün üretir. Kauçuk ağaçları yetişen ve kauçuğun işlendiği Malezya da pek çok kauçuk ürün üretir.

2009 yılında Hindistan, Çin ve Malezya birlikte dünyadaki doğal kauçuğun yaklaşık yüzde 47'sini kullandı. Doğal kauçuğa olan talep, arzı aşıyor. Arzı aynı düzeyde tutmak için çiftçilerin eski kauçuk ağaçlarının yerine yenilerini dikmeleri ve yedi yıl önce diktikleri ağaçlardan kauçuk elde etmeye başlamaları gerekir.

Dünyamızın bir parçası

Günlük hayatta dev iş makinelerinin lastiklerinden esnek kauçuk bantlara kadar yüzlerce kauçuk ürün üretiyor ve kullanıyoruz. Kauçuğun başlıca kullanımının top yapımı olduğu Kristof Kolomb döneminden bu yana yaşanan değişim gerçekten inanılmaz!

▼ Bu dev toprak taşıma kamyonlarının lastikleri 2900 kilogram kauçuktan üretilmiştir.

Zaman Tüneli

Tarihler çoğunlukla yaklaşık olarak verilmiştir.

MÖ 1600
Mayalar doğal kauçuktan top yapıyor.

1735
Fransız bilim insanı Charles de la Condamine Peru'da görüp tanıdığı kauçuk üzerinde çalışıyor.

1770
John Priestley doğal kauçuğun kurşun kalem izlerini sildiğini keşfediyor ve bu maddeye "rubber" yani silgi adını veriyor.

1869
İlk sakızın patentini William Finley Semple alıyor.

1848
İskoçya'nın St. Andrews kentinde Adam Paterson ilk kauçuk golf toplarını icat ediyor.

1876
Henry Wickham topladığı 70.000 kauçuk ağacı tohumunu gizlice Brezilya'dan Londra'ya getiriyor.

1894
Johns Hopkins Hastanesi'ndeki doktorlar ameliyatlarda lateks eldivenler takmaya başlıyor.

1898
Kauçuk golf topu yaygınlaşıyor.

1950'ler
İlk defa kauçuk zemin kaplaması kullanılıyor.

1980'ler
Lateks eldiven kullanımı bütün tıp tesislerinde standart hâline geliyor.

 Bu sembol zaman tünelinde bir ölçek değişikliği olan veya önemli bir gelişme yaşanmadığı için uzun zaman aralıklarının atlandığı yerleri gösterir.

1493
Kristof Kolomb Haiti yerlilerinin kauçuk toplarla oynadığını görüyor.

1500

1823
Charles Macintosh kauçuk reçinesinin kumaşları su geçirmez hâle getirmek için kullanılabileceğini keşfediyor.

1800

1845
Robert William Thompson kauçuk araba lastiğini icat ediyor.

1845
İngiltere'de Stephen Perry paket lastiğinin patentini alıyor.

1839
Charles Goodyear vulkanizasyon yöntemini buluyor.

1906
Kauçuk bovling topları ilk defa parkelerde yuvarlanıyor.

1908
Kauçukla yalıtılmış kablolar geliştiriliyor.

1940'lar
İkinci Dünya Savaşı'nda Sherman tanklarının ve savaş gemilerinin yapımında sentetik kauçuk kullanılıyor.

1930
İlk sentetik kauçuk olan neopren, DuPont kimya şirketinde çalışan kimyagerler tarafından icat ediliyor.

1928
Fleer ilk balonlu sakızı üretiyor.

2010
Bilim insanları bir cep telefonunu çalıştıracak kadar elektrik üreten kauçuk tabakalar geliştiriyor.

2010
Paket lastiğinden bilezikler moda oluyor.

2000

Sözlük

akıtma Doğal lateksin serbestçe akabilmesi için ağaçlarda kesikler açma.

amonyak Azot ve hidrojenden oluşan, renksiz, güçlü bir kimyasal bileşik.

atık gömme alanı Çöplerin gömüldüğü alan.

bileşik İki veya daha fazla kimyasal elementten oluşan karışım.

çevre Bir bölgedeki hava, su, mineraller ve tüm canlılar.

çevre kirliliği Hava, su veya toprağa zararlı maddelerin karışması.

çikl Sakız olarak çiğnenen doğal bir kauçuk öz suyu.

elastik Uzayabilen ve esneyebilen yapıda olan.

erozyon Su, hava veya kimyasallar tarafından aşınma süreci.

geri dönüşüm Başka bir kullanım için yenileme, tekrar kullanma veya işlemden geçirme.

kalıp Belli bir biçim oluşturmak için kullanılan araç.

karbon Yaygın olarak bulunan ametal element.

karbon siyahı Gaz veya sıvı hâldeki hidrokarbonun ısıl bozunmasıyla elde edilen ince tanecikli madde.

koruma Bir şeyin mevcut hâliyle kalması için çalışma.

kükürt Sarı, ametal bir element.

lateks İşlenerek kauçuğa dönüştürülen süte benzer sıvı.

neopren Boyada, ayakkabı tabanlarında ve dalış elbiselerinde kullanılan sentetik kauçuk.

patent Bir ürünü üretme hakkını belirli bir süre için buluş sahibine veren devlet izni.

plantasyon Esas olarak tek bir ürünü yetiştiren büyük çiftlik.

ormansızlaşma Ağaçların kesilmesi sonucunda ormanların yok olması.

rulman Makinelerde bir parçanın diğer parçaya sürtünmeden dönebilmesini sağlayan yuvarlak top.

sentetik Kimyasallardan yapılmış, doğada bulunmayan.

soyu tükenmiş Artık yaşayan üyesi olmayan tür.

süreç Bir iş yapmak için gerçekleştirilen eylemler dizisi.

taşıma bandı İlerleyerek üzerindeki yükleri taşıyan yüzey. Genelde fabrikalarda bulunur.

tehlike altındaki türler Yok olma tehlikesiyle karşı karşıya bulunan hayvan veya bitki türleri.

tırtıl Lastiklerdeki yivler.

tütsülemek Isıtarak korumak.

vulkanizasyon Kauçuğu daha sert, daha dayanıklı ve daha uzun ömürlü yapmak için lateksi kimyasallarla karıştırıp ısıtma işlemi.

yalıtım Elektrik, ısı ve ses geçişini engelleme.

yaşam alanı Bir canlının yaşadığı doğal çevre.

Dizin

Adams, Thomas 10
ağaçlar 7, 8, 10, 14, 15, 16, 22, 23, 26-27
akıtma 16, 22, 26
Almanya 12
Amazon Irmağı Havzası 14
Amerika Birleşik Devletleri (ABD) 9, 10, 12, 14, 26
arabalar 11
asfalt 25
atık gömme alanları 24
Avrupa 7, 8, 25
ayakkabılar 6, 8, 13, 20
Aztekler 6, 10

balonlu sakız 11
bileşenler 17
bilezikler 19
Birleşik Krallık 9, 12, 15
Brezilya 8, 14, 15

Condamine, Charles de la 8

çikl reçinesi 10, 11, 14
Çin 22, 26, 27

dayanıklılık 9, 17, 18, 19
depremler 20
DuPont Şirketi 12
Dünya Savaşı, Birinci 12
Dünya Savaşı, İkinci 12

elastik bantlar 18
eldivenler 4, 5, 10, 13, 18
elektrik 11, 13, 18, 21
erozyon 22
esneklik 18, 19, 20
esneme 4, 19

Fleer balonlu sakız 11

geri dönüşüm 24-25
Goodyear, Charles 9, 10
Guayule bitkisi 14
Güney Amerika 6, 12, 14

Haskell, Coburn 10
Hevea ağaçları 14
Hutchinson, Hiram 10
işçiler 15, 16, 17
işleme tesisleri 16, 17, 23

Japonya 12, 20

kalıplar 18
kâşifler 7, 15
kauçuğun kullanım alanları 4-5, 6, 7, 8, 9, 10, 11, 12, 13, 17, 18, 19, 20-21, 25, 26, 27
kirlilik 22, 23, 24, 27
Kolomb, Kristof 7

lastikler 9, 11, 17, 18, 19, 24, 25, 26, 27
lateks 4, 8, 13, 14, 16, 17, 18, 19, 22, 26

Macintosh, Charles 9
malç 25
Mayalar 6, 10
Mihver devletleri 12
Müttefikler 12

neopren 12

Olmekler 6
ormanlar 22, 23
ormansızlaşma 22, 23
Orta Amerika 6, 14

paket lastikleri 10, 19, 27
Perry, Stephen 10
plantasyonlar 15, 22
Priestley, Joseph 8

rulmanlar 20

sakız 10
sapodilla ağacı 10, 14
Semple, William Finley 10
sentetik kauçuk 12, 13, 18, 19, 21, 24
Sherman tankları 12
silgiler 8
spor ve oyunlar 5, 6, 7, 10, 20, 25, 27
su geçirmezlik 5, 6, 8-9, 18, 20, 21
talep 27
tehlike altındaki türler 22, 23, 25
tekrar tırtıl basımı 25
toplar 4, 5, 6, 7, 10, 20, 25, 27
tütsüleme 7

üretim 15, 16, 17, 23, 24, 26-27

vulkanizasyon 9, 10, 14, 17, 20, 23

Wellington çizmeler 10
Wickham, Henry 15

yağmurluklar 9
yalıtım 11, 18, 21

Görseller

Yayıncı kuruluş, telif hakkına konu malzemenin çoğaltılmasına izin veren ve aşağıda anılan kişi ve kuruluşlara teşekkürlerini sunar:

Alamy Images s. 24 (© Dennis MacDonald); Corbis s. 11 (ClassicStock/ H. Armstrong Roberts), 25 (Roger Tidman), 9 (© Bettmann); Getty Images s. 12 (Time Life Pictures/ Gordon Coster), 17 (Bloomberg/ Dario Pignatelli), 20 (Photographer's Choice/David Madison); istockphoto s. 7 (© Steven Wynn); Photolibrary s. 21 (Image100); Shutterstock s. 4 (© Adrian Hughes), 5 (© Tereshchenko Dmitry), 8 (© Loskutnikov), 10 (© Foto- Ruhrgebiet), 13 (© Gridin), 14 (© tanewpix), 16 (LiteChoices), 19 (© bioraven), 22 (©Hung Chung Chih), 23 (© Trinh Le Nguyen), 27 (© Thomas Sztanek), iii (© Cristi180884), 15 (© Sukan); The Art Archive s. 6 (Biblioteca Nacional Madrid/Gianni Dagli Orti).

Kapaktaki renkli kauçuk paket lastikleri fotoğrafı Photolibrary'nin (Rubberball/Mike Kemp) izniyle kullanılmıştır.

Bu kitabın hazırlanmasında çok değerli katkılarını bizden esirgemeyen Ann Fullick'e teşekkürü borç biliriz.

Bu kitapta kullanılan materyallerin hak sahiplerine ulaşmak için her türlü çaba gösterilmiştir. Yayıncıya bildirilmesi durumunda her türlü eksiklik sonraki basımlarda giderilecektir.